火灾起 猛于虎 消为主 防为辅
电火灾 占多数 广宣传 要关注

火警电话
Fire telephone
☎119

U0743612

电气火灾要关注

1

▲ 火灾给人民群众的生命和财产带来巨大的损失。据统计在所有已发生的火灾事故中，由于电气原因引发的火灾，占到 40% 左右，并有上升的趋势。电气火灾不容忽视，因此应广泛宣传安全用电和电气防火知识。

铁塔下 盖鸡圈 致失火 因电线
鸡烧死 人心寒 毁线路 得赔钱

违章搭建患无穷

▲ 某肉鸡养殖场违章占用了高压线铁塔下面的高压走廊，鸡舍是用塑料布等易燃材料建成的临时大棚，因线路设计不合理起火，火借风势迅速蔓延，不仅使养殖场刚刚购进的一万余只种鸡在瞬间化为乌有，还将鸡舍上方的220kV线路点燃，造成停电。当地公安机关对该养殖场的经营者进行了传讯。

▲ 某服装市场由 500 余家商户租赁经营，一个体户为了在原设计线路上增加大负荷取暖设备，擅自变更电能表接线，导致电能表过载引起火灾，导致整个市场烧毁。

电能表 突着火 究其因 乱操作
保险丝 铜代铅 瞎替换 惹灾祸

▲ 某街道上 6 只电能表接连起火，原因是居民马某用铜丝代替保险丝，由于铜丝的熔点比保险丝高得多，结果因用电负荷太大，导致铜丝发热，温度过高，引燃了电能表。

老化线 不更换 短路点 火花闪
房装修 选建材 易燃品 留隐患

店

网络家园

老旧电线患无穷

老化电线

5

▲ 某网吧着火，火势很快蔓延到楼上一家酒店，现场呼救声一片，有人从五楼跳下，事故造成5人死亡。后查明起火原因为网吧电线老化、接触不良，短路点产生的火花引燃网吧装修采用的可燃建材。

小姜家 突着火 查原因 自惹祸
插线板 电器多 超负荷 线起火

超载用电火灾起

6

▲ 某日中午，一把火把小姜的家给烧了。起火原因为小姜图方便，把家里的绝大部分电器的插头都插在一个插线板上，插线板长时间处于通电状态下，超负荷运转，过热而引发电气火灾。

鲜花店 出事故 歌舞厅 挺无辜
丢性命 年轻轻 查原因 线短路

滚滚浓烟因短路

7

▲ 一鲜花店发生火灾，火苗引燃花店内大量干花、包装纸、塑料花等易燃物酿成大火。滚滚浓烟从窗户直接涌入二楼舞厅。舞厅内当时有约 200 人，20 多人被大火和浓烟吞噬了生命。经查，火灾原因是花店吊顶内照明线路短路，短路点产生的火花引燃了易燃物。

家电部 搭展台 节能灯 隐患埋
整流器 出故障 致火灾 得制裁

搭建展台隐患埋

▲ 某商厦二楼家电部电冰箱临时展台处节能灯安装不符合通风和散热要求，某日整流器出现故障，导致局部过热引燃塑料外壳发生火灾，烧毁商厦1至4层建筑及商品，直接财产损失400多万元。

小两口 卖熟食 电吹风 吹湿衣
生意忙 忘断电 失财物 干着急

夫妻开店火灾起

一对夫妻租了两层楼，一层开熟食店，二层住人。某日老板娘用电吹风吹干衣服，没关吹风机跑到楼下帮忙生意，吹风机过热引燃了衣物。导致二楼中的货物、衣服和几万元现金都被烧得精光。

双休日 熨领带 被人叫 突离开
电未关 衣点燃 人粗心 引火灾

忘拔插头酿惨剧

▲ 12月10日，某小区发生一起火灾，事故源于女主人忘记将插在客厅沙发边插座中的电熨斗插头拔掉就出门，电熨斗发热将熨烫的衣物点燃，引发火灾。

夏炎炎 空调转 连轴开 不得闲
频开启 电流升 室外机 火苗窜

老机超荷火苗窜

⑪

▲ 夏日炎热，某户空调室外机突然着火，火苗窜起，浓烟滚滚，所幸消防人员及时赶到将火扑灭。经查，住户空调已经用了10多年，由于天气炎热，一天24小时不停地运转，再加上短时间内频繁开启，造成空调压缩机电流急剧上升，导致过热，引发火灾。

看电视 煮面条 剧精彩 事忘了
锅烧干 水来浇 引火灾 教训牢

▲ 小王在边看电视边使用电炉煮面条，看得入迷，忘记了煮东西的事情，闻到糊味时锅已烧干，小王赶紧泼水，结果引发火灾。

充电宝 引火灾 消防员 被叫来
人没事 物烧毁 贪便宜 隐患埋

伪劣电器隐患埋

▲ 某小区突发大火，周边居民立即拨打了 119 火警电话，大火被赶来的消防员扑灭，但屋内的物品几乎全被烧毁。事后，经过有关部门调查得知，该起火灾是因为住户贪图一时便宜，在网上购买了劣质充电宝，充电宝在过充电的情况下发生爆炸，引起火灾。

存车棚 出险情 救火险 巡逻警
充电器 不合格 致火灾 人受惊

在车棚里私拉乱接电线，用同一个插排充电导致过载发热，是这次起火的主要原因。

违规充电出险情

14

▲ 一小区里存车棚突然起火，多辆电动自行车烧得面目全非，多亏巡逻的保安扑救及时，没引起更大损失。经查，因车棚内缺乏充电设施，车主私拉乱扯充电线路，导线径过小，又未安装短路和过载保护装置。当多辆电动车同时长时间充电时，造成充电线路过载、发热，从而引发火灾。

煤气泄 开灯查 电花闪 引爆炸
房着火 人炸飞 事故惨 教训大

屋里咋这么大的味道呀!

开灯打火煤气爆

▲ 某日福建占女士家中煤气泄漏，占女士回家后下意识开灯检查，不料灯一开，煤气爆炸，房子瞬间陷入火海。

风雨唤 雷电闪 杂货店 出大乱
电火灾 雷击引 防避雷 人命关

雷击引火人命关

轰隆

▲ 一雷雨天，某村杂货店着火，店主肖某及妻子、女儿身亡。起火原因是由于没有采取有效的防雷、避雷措施，加上房屋电路老化，被雷击后，电路迅速着火，引发火灾。雷击是电气火灾产生的原因之一，家庭必须注意。

车间里 冒了烟 致火因 是静电
白电油 擦地板 电核聚 出危险

危险！不能用白电油擦地板，有静电.

忽视静电也危险

17

▲ 某电子元器件生产车间冒出了浓烟，伴着噼啪的爆炸声火迅速烧了起来，导致现场的工人3死1伤。经分析，起火原因是由于员工违规用白电油擦洗地板。工作过程中，拖把与地面的摩擦聚集了危险的静电，引起爆炸和火灾。

高层楼 施工忙 电焊工 私上岗
起大火 消防到 高压枪 不够长

违规作业教训大

▲ 某市一个 28 层住宅正在进行外立面墙壁施工，由于电焊工无证上岗，违规操作，电火花引燃易燃尼龙包裹的脚手架，突发大火。在救援过程中，消防车云梯达不到着火大楼顶部的高度，云梯加上高压水枪只能到达大楼 2/3 高度，火势太大直升飞机不能靠近，阻挠了救援工作的顺利进行。

配电室 乱堆物 安全员 监管无
氨管道 大爆炸 不只因 线短路

氨气管道大爆炸

▲ 某禽业公司由于安监部门监管不到位，值班人员在配电室堆放可燃物。某日配电室电气线路短路引燃可燃物，燃烧产生的高温导致氨设备和氨管道发生爆炸，大量氨泄漏参与燃烧，事故最终造成多人死亡。

市医院 出火灾 伤亡多 往出抬
配电室 线短路 可燃物 隐患埋

中心医院出火灾

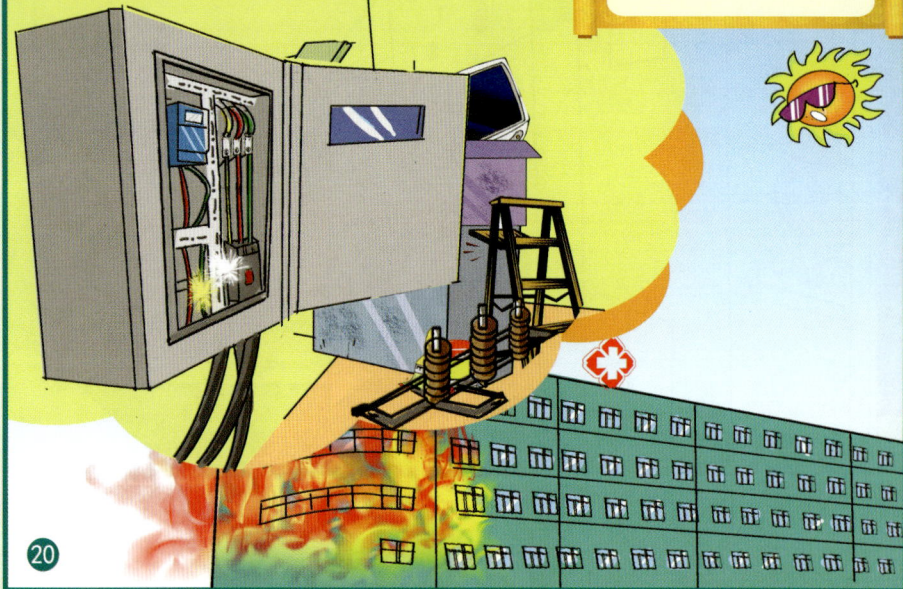

▲ 某市中心医院发生火灾，造成 30 多人死亡，90 多人受伤，直接经济损失 800 多万元。事故原因是配电室电缆短路故障，引燃周围的可燃物，继而引发火灾。

造纸厂 起大火 忙救援 六天多
电缆头 生爆炸 两仓库 尝恶果

电缆爆炸尝恶果

▲ 某市纸厂发生了一起特大火灾，有关部门先后共投入 100 多辆消防车，600 多名消防官兵参加扑救，共用了 6 天时间才完全扑灭。起火原因是地下电缆发生爆炸，引燃两个仓库的印刷用纸。

食品厂 私建房 保温材 违规装
线头热 致短路 出事故 灾难降

我们建恒温库不应该使用聚氨酯泡沫保温啊，容易引起火灾。

没事。

短路过热火灾起

22

▲ 某市一食品厂私建厂房，未经正规设计且未向有关部门申报验收。某日该厂保鲜恒温库内沿墙敷设的制冷风机供电线路接头过热、短路，引燃违规使用的墙面保温材料（聚氨酯泡沫），引发火灾，造成10多人死亡，多人受伤。

夏收忙 喜收获 拉麦秆 垒成垛
超高限 刮电线 致短路 车起火

载麦超高线起火

23

▲ 某村用汽车拉麦秆，由于所装麦秆超高，刮上带电的架空线路，引起两相搭连短路冒火，火星落在晒干的麦捆上，立即起火。

电冰箱 窜火苗 李老汉 端水浇
火未灭 焰更高 断电源 最重要

▲ 某日凌晨，李老汉被"喵喵"的声音吵醒，看到冰箱后边窜出了火苗。老人赶紧端水朝着冰箱泼过去，结果火不但没灭，反而烧得更大了，火势很快蔓延开来。注意：发生电气火灾，应尽可能断电救火。不能用水或泡沫灭火剂，因为它们导电，可能造成短路。